课本里学不到的
疯狂科学实验

作用与过程

段伟文　主编

中国科学技术出版社
·北　京·

图书在版编目(CIP)数据

课本里学不到的疯狂科学实验. 作用与过程 / 段伟
文主编. -- 北京：中国科学技术出版社，2022.10
ISBN 978-7-5046-9800-1

Ⅰ.①课… Ⅱ.①段… Ⅲ.①科学实验—青少年读物
Ⅳ.①N33-49

中国版本图书馆CIP数据核字（2022）第164824号

前言

科学素质是公民素质的重要组成部分，也是少年儿童成长为合格公民的必备素质。科学素质的基础是了解必要的科学技术知识，掌握基本的科学方法，树立科学思想，崇尚科学精神。科学素质的培养要从娃娃抓起，为了成长为建设创新型国家的主力军，广大少年儿童不仅要掌握必要的和基本的科学知识与技能，还要积极开展各种生动有趣的科学实验，从中体验科学探究活动的过程，培养良好的科学态度、情感与价值观，将自己造就为具有创新意识、探究兴趣和实践能力的有用之才。

科学探究的动力来自人们对自然界与生俱来的好奇心。边缘长满小齿的草叶让鲁班发明了锯，头顶上的浩瀚星空使托勒密和哥白尼想到了宇宙体系，对教堂里吊灯微微摆动的关注使伽利略发现了单摆的等时性，对苹果落地的好奇让牛顿找到了万有引力，对孵小鸡都感到新奇的好奇心让爱迪生给人类带来了电灯、留声机等数以千计的发明。利用自然的力量造福人类的理想，为我们带来了日新月异的科技文明。作为现代文明标志的电话、电视、汽车、计算机，无一不是科技的力量与人类的目标相结合的产物；绿色能源、深海潜水、载人航天的成功，无一不是创新与人类的需要相互激荡的结果。

科学并不神秘，更没有什么代表科学力量的"魔法石"，科学的本质在于好奇心和造福人类的理想驱使下的探索和创新。大自然喜欢隐藏她的奥秘，往往不直接回应我们的追问，但只要善于思考、勤于动手、大胆假设、小心求证，每个人都能像科学大师一样——用永无止境的探索创新来开创人类的文明。

小朋友，快快翻开这套书，用你们与生俱来的好奇心和造福人类的纯真理想开创一条探索创新之路吧！

目 录

气体的热胀冷缩

"热胀冷缩"，是我们常常能听到的词，它是指物体在温度升高时体积膨胀、温度降低时体积缩小这样一种物理现象。虽然我们所接触的大部分物体都具有这样的性质，但是要你回答"一瓶常温下的可乐在加热后体积增加了多少？""你的手放在热水里会不会变大？"这类的问题还是挺困难的。因为固体和液体的体积变化不会太大，只有气体体积在温度变化时会有很明显的变化。所以，在本节实验中，我们就以气体为例，来做一个小实验，让你对热胀冷缩这一现象建立起感性的认识。

没地方待啦，
快让我出去！

·探索主题·

气体，热胀冷缩

搜集资料

查找相关资料，简单地了解热胀冷缩现象。

提出假说

气体的体积会随着温度的升高而增大，随着温度的降低而缩小。

实验材料

1 三个橡皮气球

2 冰

3 沸水

4 三个窄口玻璃瓶

5 三个深度至少是瓶子一半的容器，至少有一个是耐热的

6 记号笔

安全提示

可以请家长帮你将沸水倒入容器中，至少要在家长的看护下进行。

实验设计

通过气球大小的变化显示空气体积的变化；比较不同温度条件下空气体积的变化。

实验程序

❶ 在每个瓶口处套上一个已吹入一定量气体的气球（外观大小相同）。

❷ 在耐热的那个容器中加入滚烫的水；在另一个容器中加入冰块；第三个容器里什么都不放，作为对照组。

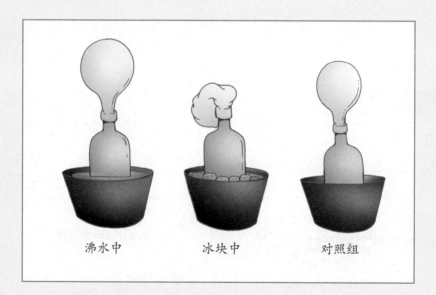

沸水中　　　　　冰块中　　　　　对照组

❸ 在三个容器中分别放入三个瓶子，大约一分钟以后，观察并记录三个气球的大小。并以对照组气球的大小为标准，判断另外两个气球是变大还是变小了。

❹ 整理好实验器材，将实验场所打扫干净。

·实验数据·

实验分组	气球大小
对照组（常温）	标准
瓶子放在冰块中	
瓶子放在沸水中	

分析讨论

❶ 气球体积的大小代表了什么？它与气球内空气的体积有什么关系？

❷ 三种温度条件下气球的体积变化有什么规律？你的实验结果能证明气体具有热胀冷缩的性质吗？

❸ 如果三种条件下气球体积未发生变化，可能是由什么原因引起的？如何解决？

发散思考

❶ 你认识图片中的飞行器吗？

❷ 通过本节实验，你可以对空气热胀冷缩的原理有一个直观的认识。你能由此推断出温度与空气密度的关系，并说明热气球的原理吗？

改变天气的空气对流

空气对流是由冷热不均造成的大气运动。当热空气与冷空气遭遇时，热空气由于密度低要往上流动，进而迫使较重的冷空气往下运动。这种对流现象会造成气压差，引起天气变化。小规模的空气对流会引起刮风下雨，而大规模的空气对流则可能导致严重的雷暴雨和飓风。如果对流发生在封闭的空间里，它可以使整个空间内的热量达到平衡。整个运动的动力来自空气密度的不均匀，在本节实验中，我们就来制造一次封闭容器内的空气对流，以观察对流时空气的运动情况。

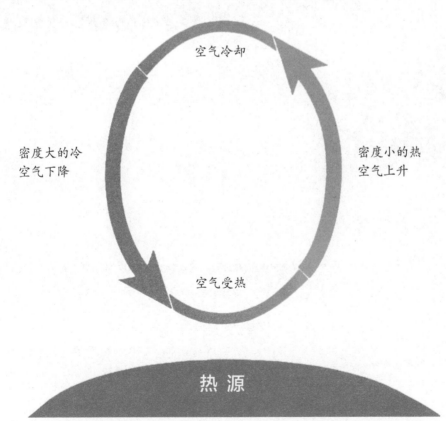

空气冷却

密度大的冷
空气下降

密度小的热
空气上升

空气受热

热 源

探索主题

空气对流

搜集资料

查找相关资料，简单地了解空气对流现象。

提出假说

热空气与冷空气相遇时可能会产生对流现象。

实验材料

1. 四个相同的玻璃罐子
2. 一炷香（不要用无烟的）
3. 火柴
4. 薄纸片
5. 一盏功率至少为 100 瓦的灯
6. 黑色的纸
7. 冰箱（如果没有，可在一容器中放入冰块）

安全提示

1. 划火柴和点香时须有家长看护。
2. 用完的火柴和香在扔进垃圾桶之前必须熄灭，以免造成火灾。

实验设计

以加热和冷冻方式制造出热空气和冷空气，然后在热空气在下、冷空气在上的条件下观察空气对流的产生。同时为了增强可观察性，在热空气中加入烟。

实验程序

1 将1号玻璃罐子放在冰箱里5分钟。

2 在冷冻1号罐子的同时，用热水将2号罐子的外表面冲洗一遍。然后将2号罐子倒扣在桌面上，打开灯照着它为它加热。可以将黑纸对折，紧贴着靠近灯那端的罐壁，以帮助罐子吸收热量。

3 加热的同时，点燃一炷香，吹熄火苗，让香散发出烟。再轻轻地掀开2号罐子的一角，将香伸到罐子中，让烟充满2号罐子。

4 取出香，快速用薄纸片封住2号罐子口，以免烟溢出。然后将2号罐子翻过来正放在桌面上。

5 1号罐子冷冻5分钟后被取出。待2号罐子正放后，快速地将1号罐子口朝下，正对2号罐子放下。保证两个罐子的口能接上，中间是薄纸片。

轻轻地抬起1号罐子，快速将薄纸片抽出，再将1号罐子迅速放下。

6 观察2号罐子中的烟如何运动。把你看到的记录下来。

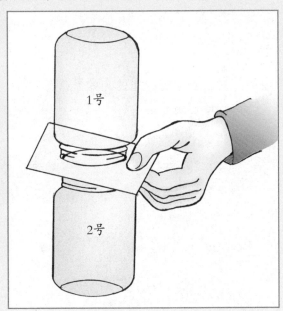

7 用3号和4号不做任何处理的罐子重复步骤3—6。记录烟在这两个罐子中的运动情况。

8 整理好实验器材，将实验场所打扫干净。

·实验数据·

实验分组	烟的运动情况描述
冷罐子和热罐子	
两个室温罐子	

分析讨论

❶ 烟的运动情况代表着什么？

❷ 冷罐子和热罐子里的冷空气和热空气分别是怎样运动的？为什么？

❸ 两个室温罐子里的烟是如何运动的？为什么会出现这种现象？

发散思考

❶ 如果实验中将冷冻过的罐子放在下面，加热过的罐子放在上面，将会出现什么情况呢？为什么？

❷ 本实验中只能看见含烟的热空气上升，却不能明确地看见无色的冷空气下降，你有什么办法来完善这一点吗？

温度相同的
"冷"金属与"热"木头

温度是表示物体冷热程度的物理量，所以人们习惯将温度与人的冷热感受对等起来，即认为感觉热的东西温度一定高于感觉冷的东西。其实，冷热感觉是人的主观感受，有些时候与温度并不是完全对应的。在下面的实验里，你可以亲自感受一下，温度相同的金属与木头如何带给你不同的冷热感受。

·探索主题·

温度与冷热感受

搜集资料

查找相关资料，了解温度的物理含义。

提出假说

温度的高低与冷热感受并不完全对应。

实验材料

① 大小适中（能让你的手掌完全放置其上）的木板、金属板

   各一块

② 你所能找到的其他材料（比如玻璃、塑料、布等）

·实验设计·

用手感受温度相同的不同物体的 "冷"

与"热"。

·实验程序·

1. 将木板和金属板放在一个温度恒定的房间里，等待半小时后（目的是让金属板和木板的温度都与室温相同）开始实验。

2. 把木板和金属板平放在桌面上，然后将两只手掌分别置于其上（注意，此时两只手的温度要相同，即将两手合握时，你不会感到一只手比另一只手冷或热），感觉木板和金属板有没有冷热差异。如果有，哪个更"冷"，哪个更"热"？记录你感受到的结果。

3. 将手分别放在布面和金属板面上，重复步骤2。记录结果。

4. 按同样的方法，两两比较各种材料在温度相同的情况下会有怎样的冷热感觉差异。将结果都记录下来。

5. 整理好实验器材，将实验场所打扫干净。

·实验数据·

实验材料	金属板	木板	塑料	玻璃	布	其他材料	
金属板							
木板							
塑料							
玻璃							
布							
其他材料							

分析讨论

① 在你使用的材料中，哪种材料摸上去最"冷"？

② 在你使用的材料中，哪种材料摸上去最"热"？

③ 你的实验结果是否能证明你的假设呢？

发散思考

既然温度与人们的冷热感受并不完全对应，那如何理解"温度是表示物体冷热程度的物理量"这句话呢？

热在液体中的传播

　　热会从温度高的物体传到温度低的物体，这是生活中常见的物理现象。但是对于不同的物质形态来讲，热传播的具体方式还是稍有不同。热的传播方式包括传导、对流和辐射。固体之间通常以传导方式进行热传播，这时只有热的流动，并不能看到固体本身的流动。而液体和气体的热传递以对流方式进行，你能看到它们自身的流动。只要是温度高于绝对零度的物体都在对外辐射热量。对流传热伴随物质本身的运动，便于观察，所以在本节实验中，我们就来看看热是怎样在液体中传播的吧！

注意：电器不可放入水中。

·探索主题·

热 对 流

提出假说

热量在液体中以热对流的方式进行传播。

实验材料

1 一小碗用红色素染成红色的热水

2 一大碗热水

3 一小碗用蓝色素染成蓝色的冰水

4 一大碗冰水

5 一小碗用绿色素染成绿色的室温水

6 一大碗室温水

7 两个滴管

安全提示

倒热水时要小心，防止烫伤，可以请家长帮助完成此操作。

·实验设计·

将透明液体染色，更清晰地观察热对流的产生。

· 实验程序 ·

1. 用一个滴管吸起一些红色的热水，往大碗冰水中滴入几滴。观察并记录红色水滴的运动情况，注意不要晃动或碰撞装冰水的碗。将滴管洗干净。

2. 用另一个滴管吸一些蓝色的冰水，往大碗热水中滴入几滴。观察并记录蓝色水滴的运动情况，仍然注意不要晃动或碰撞装热水的碗。

3. 用先前洗干净的滴管吸起温度为温室的绿色水，往另一个装有室温水的碗中滴入几滴，观察并记录绿色水滴的运动情况。

4. 整理好实验器材，将实验场所打扫干净。

热量的运动
（请画出容器和带颜色的水，并用箭头表示带颜色的水的运动方向）
红色（热）水 在冰水中
蓝色（冰）水 在热水中
绿色（温室）水 在室温水中

分析讨论

1 红色的热水是怎样运动的？

2 蓝色的冰水是怎样运动的？

3 绿色的室温水是怎样运动的？

4 热对流具有什么样的运动特点？

发散思考

1 热对流产生的原因是什么？请结合热胀冷缩的现象加以解释。

2 热对流在生活中有何应用？请举例说明。

固体的导热性

我们在上一节中提到过，热在固体间传播时是以热传导的方式进行的：热从温度高的部分传到温度低的部分，固体本身并不流动。另外，不同固体传播热的能力并不相同。也就是说，热在有些固体中很容易传播，在有些固体中却传播得很慢。因此，当我们需要尽快加热或散热时，要选用导热好的物质；而当我们需要阻止热的传导时，则应选用导热差的物质。在本实验中，我们就来看看一些常见材料的导热性吧！

多亏了这个保温杯，让老伴儿的爱心豆浆时时温暖我的心！

探索主题

固体的导热性

查找相关资料，了解热的良导体和不良导体的基础知识。

提出假说

不同材料的固体有着不同的导热性。

实验材料

① 两根 10 厘米长的 18 号铜丝

② 两根 10 厘米长的 18 号铝丝

③ 两根 10 厘米长的 18 号铁丝

④ 两根相同的玻璃棒

⑤ 两根直径为 0.3 厘米的木榫（sǔn）钉

⑥ 十颗同样的玻璃或塑料珠子

⑦ 蜡烛

⑧ 火柴

⑨ 两只玻璃碗

⑩ 沸水

⑪ 黏土

⑫ 秒表

安全提示

实验必须在家长的看护下进行。点蜡烛、倒热水等都需要家长的帮助。

实验设计

通过物体上蜡油的融化速度来判断物体的导热性；由此比较不同材料的导热性。

·实验程序·

1. 用火柴点燃蜡烛。然后对五种物体：一根铜丝、一根铝丝、一根铁丝、一根玻璃棒和一根木榫钉一做如下操作。

2. 让家长帮助你滴一滴蜡油在物体的一端（如图1）。

3. 迅速将一颗珠子放在蜡油上，确定它能稳稳地粘在物体上。

4. 用黏土将物体粘在碗边（如图2所示）。让五种物体均匀地分布在整个碗边，并用黏土牢牢地粘住它们，使它们保持竖直。同时保证每个物体伸入碗中的长度相同。

图1

5. 用第二个玻璃碗和剩下的五种物体重复步骤2—4，作为对照组。

6. 让家长帮助你往第一个碗中（实验组）倒入5厘米深的滚烫的热水。热水应该能接触到粘在碗边的物体的下端（如果不能，继续加入沸水），保证五种物体下端伸入水中的长度是相同的。

7. 开始计时。观察并记录实验组的每颗珠子在多长时间后会从物体上掉下来，直到五颗珠子都掉下来才停止计时。

8. 观察并记录对照组的每颗珠子在停止计时时所处的位置。

9. 整理好实验器材，将实验场所打扫干净。

图2

·实验数据·

物体名称	珠子掉下的时间（实验组）	珠子最后的位置（对照组）
铜丝		
铝丝		
铁丝		
玻璃棒		
木榫钉		

分析讨论

1. 在实验中珠子为什么会掉下来？掉下来所用的时间长短代表着什么？

2. 实验组的哪颗珠子掉下得最早？哪颗珠子掉下得最晚？对照组的珠子是不是仍然停留在原处？

3. 五种物体中哪一种是最好的热导体？

4. 你的结论与下面的导热系数是不是吻合？如果不是，可能出现了什么问题？

5. 附：常见物质的导热系数（系数越大，导热性能越好）

   银：58.2；铜：55.2；铝：29.4；铁：7.2；玻璃：0.12；

   木头：0.0012；空气：0.004。

发散思考

晒过太阳的棉被，棉被里的棉花所吸附的水分蒸发掉了，棉花会变得蓬松、充满了空气。为什么这样的棉被盖起来会更暖和？提示：查看空气的导热系数。

研究匀速圆周运动

　　当一个物体绕着固定的圆心做匀速转动，即它在相等时间内经过的圆弧长度相等时，我们就说它在做匀速圆周运动。所有做圆周运动的物体都受到一个由物体指向运动圆心方向的力，称为向心力。向心力的大小与物体质量、圆周运动半径和转动速度都有关系。接下来，我们就用一个简单的实验来探索匀速圆周运动中向心力与运动半径之间有着怎样的联系。

你是逃不出我的手掌心的，哈哈哈哈！

·探索主题·

匀速圆周运动

搜集资料

查找相关资料，了解匀速圆周运动的基本知识。

提出假说

为了保持转动速度，匀速圆周运动中半径与向心力大小必须同时增加，或同时减小。

实验材料

1. 一个中间有洞的线轴
2. 尺子
3. 十个同样大小的金属垫圈
4. 90厘米长的细绳
5. 记号笔
6. 秒表
7. 橡皮塞或其他质量较轻、容易被绑住的物体

安全提示

实验必须在空旷的地方进行，在转动物体时要十分小心，绳上的结要系紧，以免物体飞出砸到自己或他人。

·实验设计·

测量做匀速圆周运动的物体在一定半径和向心力作用下的转动速度，再据此分析半径和向心力大小的关系。

实验程序

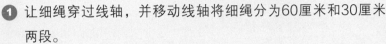

1. 让细绳穿过线轴，并移动线轴将细绳分为60厘米和30厘米两段。

2. 在60厘米长的那段的端头处系上四个金属垫圈，并打上一个结。在我们的实验条件下，金属垫圈的重力正比于向心力大小。

3. 在30厘米长的那段的端头处系上橡皮塞，作为做圆周运动的物体，圆周运动的半径则为30厘米。

4. 撕一块3厘米左右的胶布，将线轴的位置固定在细绳上，以免在运动过程中圆周半径发生变化。

5. 用一只手拿住线轴，开始旋转橡皮塞。当橡皮塞开始稳定地在水平方向上做圆周运动后，让同伴计时30秒，并记下这30秒内橡皮塞总共转了多少圈。

6. 重复步骤5两次，求出三次得到的结果的平均数，记录在表格中。

7. 去掉胶带，让线轴下移30厘米，这时圆周运动的半径变为60厘米。用胶带固定线轴保持运动过程中半径不变。

8. 按前述方法让橡皮塞做圆周运动，记录三次30秒内橡皮塞旋转的圈数，计算平均值并记录在表格中。

9. 再次去掉胶带，将线轴恢复到第一次所在位置，使橡皮塞运动半径仍为30厘米。用胶带固定线轴。

10. 在绑有金属垫圈的一端再绑上四个垫圈，这样相当于圆周运动的向心力增加了一倍。

⑪ 仍然让橡皮塞运动起来，记录三次30秒橡皮塞转动的圈数，计算平均值并记录在表格中。

⑫ 整理好实验器材，将实验场所打扫干净。

· 实验数据 ·

向心力大小（正比于）	圆周运动半径	30秒内转动圈数（平均值，代表转动速度）
四个垫圈的重力	30厘米	
四个垫圈的重力	60厘米	
四个垫圈的重力	30厘米	

分析讨论

❶ 当向心力大小不变（四个垫圈的重力）、圆周运动半径增加时，转动速度怎样变化？

❷ 当圆周运动半径不变（30厘米）、向心力大小增加时，转动速度怎样变化？

❸ 由上推知，为了保持转动速度，向心力大小与圆周运动半径应该如何变化？

发散思考

观察实验结果，你是否能总结出匀速圆周运动中向心力与转动速度的关系？半径与转动速度的关系？以及三者之间的互动关系？

下坡比赛

　　两个物体同时从山顶沿着山坡往下滚，哪一个会先滚到山脚？也许你很快就会发现：如果不补充一些条件，这个问题就无法回答。比如这两个物体的形状或质量都可能影响到它们下坡的速度，球体肯定要比立方体容易滚动。那是不是拥有相同形状、同等质量的物体在斜面上滚动的情况就一定完全一样呢？事实上，物体在坡面的加速过程不但受到形状和质量的影响，还与其质量分布有关。在坡顶时，两个质量相等的物体具有相同的势能（势能与质量大小和高度有关）；这些势能一部分会转化为直线运动的动能（动能与质量大小和速度有关），一部分会转化为旋转动能。当物体的质量分布不同时，其旋转程度不同，势能转化为旋转动能的比例就不同，使得物体在坡面上加速下行的速度产生了差别。如果你觉得难以想象，就亲自动手试验一下，看看形状相同、质量相等，但质量分布不同的两个物体，从坡面向下滚时的表现如何吧！

·探索主题·

质量分布与运动状态

提出假说

质量分布会影响物体的运动状态。

搜集资料

查找相关资料，简单了解物体在运动过程中的能量转化。

实验材料

1. 三个空的有底的金属圆筒（比如装糖果的小圆盒）
2. 15 个塑料垫圈
3. 一块宽度大于 10 厘米、长度大于 50 厘米的木板或塑料板（作为斜面）
4. 透明胶带

安全提示

圆筒在下滑过程中可能会滑出斜面，注意不要被砸伤。

·实验设计·

观察质量相等但质量分布不同的物体所呈现出的不同的运动状态，并通过改变物体的质量分布来改变物体的运动状态。

实验程序

1 将其中五个塑料垫圈重叠地粘在一起，接着将其粘在其中一个金属圆筒内底的正中央，将此金属筒记为A。

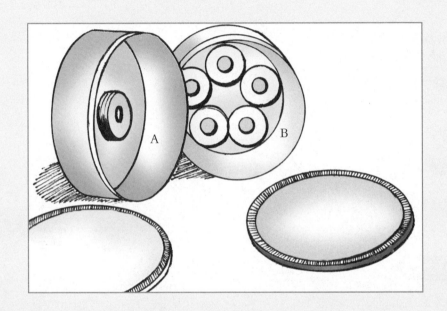

2 将另外的五个塑料垫圈均匀分散地粘在另一个金属圆筒的底部。将此金属筒记为B，注意粘贴时要均匀分布，使其围成一个圆周。

3 将木板或塑料板的一端置于高处，另一端置于桌面，形成一个坡度适中的斜面。将金属圆筒A、B并排放在斜面顶端，用双手固定。

4 同时松开双手，观察两个金属筒往下滚动的情形。将结果记录下来。

5 利用剩下的塑料垫圈和金属圆筒制成与A、B质量相等，但质量分布不同的圆筒C，再与A、B同时放在斜面上比赛下坡。记录看到的结果。

6 填写实验记录。

7 整理好实验器材，将实验场所打扫干净。

·实验数据·

实验分组	圆筒A	圆筒B	圆筒C
质量分布情况			
斜面加速情况			

分析讨论

❶ 三个圆筒中哪个在斜面上滚下得最快？它的质量分布具有什么样的特点？

❷ 三个圆筒中，哪个在斜面上滚下得最慢？其质量是如何分布的？

❸ 根据实验结果你是否能推测出什么样的质量分布有利于物体加速？什么样的质量分布会阻碍物体加速？

发散思考

❶ 实际上，除了动能与势能的转化，物体在运动过程中还涉及其他能量转化，你知道那是什么吗？

❷ 请举出生活中的例子来说明在哪些情况下需要将物体质量集中于一点，在哪些情况下要将质量均匀分布。

光的平方反比定律

　　"漆黑的夜晚，路上没有灯，一个行色匆匆的人就着微弱的星光拼命往家赶。不知走了多久，终于在前方的黑暗中出现了一丝微弱的灯光：快到家了！他加快脚步往前走，眼前越来越亮，越来越亮……"小说中的描写与我们的生活体验是一致的，当我们离一个发光的物体越来越近时，我们感觉到的光照就越来越强；相反，当我们离一盏灯或一只蜡烛越来越远时，它们的光在我们的眼里就会越来越微弱。这种变化并不是随意的，而是遵循了光的平方反比定律：若光源的位置和强度不变，不同位置光的强度会随着该位置与光源距离的平方成反比而递减。举例来说，如果在离光源1米的地方感觉到的光强是A，那么在离光源2

米的地方的光强就应该是A/4。光的强度可以由照在单位面积上的光量来表示，也就是说随着距离的增加，单位面积上的光量会减少。接下来，就用一个简单的实验来证明这一点吧！

看到灯光了，快到家了！

·探索主题·

光的平方反比定律

提出假说

光的强度会随着距离的平方呈反比递减。

搜集资料

查找相关资料，初步了解光的平方反比定律。

实验材料

1. 一只微型灯泡、一节或两节电池、两截导线（带有夹子）、绝缘胶布
2. 纸板一块
3. 带有若干相同小方格的稿纸一张
4. 尺子（软尺或直尺均可）一把、铅笔一支
5. 剪刀或裁纸刀一把

安全提示

由于实验中需要用到剪刀或裁纸刀等用具，请在家长陪同下完成本实验，以免发生危险。

·实验设计·

有规律地改变测试点与光源的距离，确定光的平方反比定律。

· 实验程序 ·

❶ 利用尺子和铅笔，在纸板中部画出一个与稿纸上的小方格同样大小的方格。并用剪刀或裁纸刀将其剪下，在纸板上形成一个方形的洞。

❷ 按照图1所示将微型灯泡、电池、带有夹子的导线连接起来，并用绝缘胶布将相接处固定，形成一个通畅的电路，使小灯泡亮起来；然后把小灯泡固定在水平桌面上。

❸ 关掉实验场所内的其他光源。将稿纸竖立在小灯泡的前面，注意观察灯光照在多少个方格里面。

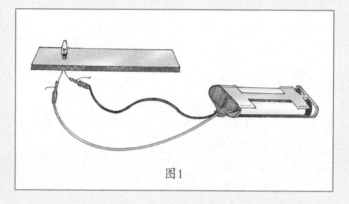

图1

再将稿纸慢慢地移开（离灯泡的距离越来越远），观察灯光在稿纸上照射的面积有何变化，眼睛所感受到的光强有何变化。

❹ 放下稿纸。将纸板竖立在小灯泡前面，并使灯泡与纸板上的小方洞保持在一个水平面上（如图2）。注意调节纸板与灯泡的距离，让灯泡发出的光能覆盖整个小洞的面积。然后将纸板固定，并用尺子测量此时纸板与灯泡的实际距离（L_0），并记录下来。

❺ 接下来将稿纸竖立在纸板透过的光前面。调节稿纸与纸板的距离，使

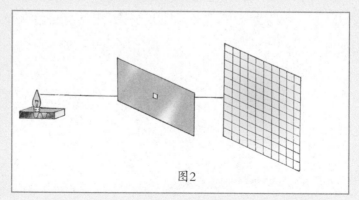

图2

得灯光照在稿纸上的面积恰好为四个小方格。用尺子测量此时稿纸与灯泡的实际距离（L_1），并记录下来。

6 继续调节稿纸与纸板的距离，使得灯光照在稿纸上的面积分别为9个、16个小方格。每次达成目标后均用尺子测量当时稿纸与灯泡的实际距离（L_2与L_3），并记录下来。

7 整理好实验器材，将实验场所打扫干净。

· 实验数据 ·

与灯泡距离	光强
$L_0=$ （厘米）	A
$L_1=$ （厘米）	A/4
$L_2=$ （厘米）	A/9
$L_3=$ （厘米）	A/16

分析讨论

1 L_1是L_0的多少倍？

2 L_2是L_0的多少倍？

3 L_3是L_0的多少倍？

发散思考

1 除了光强会随着距离的增加而快速减小，还有没有别的原因使我们看不清楚远方的灯光？

2 光的平方反比定律对于人们制造光学设备，比如照相机、摄影机等有没有什么帮助？

彩虹光谱

雨过天晴，天空中出现七彩的"拱桥"——彩虹。这是夏日的雨后经常出现的现象，看起来就像是个魔术，让朴素的天空突然变得绚丽起来。其实这是太阳光穿过空中的水珠时形成的。本来沿直线传播的光在遇到水珠时会发生折射（传播方向发生改变）。由于组成白色阳光的七色光的折射角度不同，在折射后它们不再沿着相同的方向传播，而是有各自的传播方向，看上去就是七条色带排列在一起。所以，彩虹色带的本质就是光谱。在本节实验中，借助可以发光的棱镜，我们可以看到各种颜色的光形成的光谱，也可以看到白光形成的"彩虹"光谱。

彩虹这么好看，原来是太阳光穿过小水珠形成的啊！

·探索主题·

光 谱

搜集资料

查找相关资料，了解光谱的基本知识。

提出假说

光经过棱镜可形成光谱。

实验材料

① 三棱镜（可在卖光学仪器的商店买到）

② 25瓦的红、橙、黄、绿、蓝、靛、紫色灯泡各一个

③ 白色灯泡（25~60瓦均可）

④ 与灯泡配合使用的灯

⑤ 彩色记号笔

⑥ 白纸

安全提示

① 千万不可以将手伸入插座的插孔中。

② 不要用手触碰未冷却的灯泡；在取下灯泡前一定要拔掉电源。

·实验设计·

利用棱镜形成光谱，比较不同颜色的光形成的光谱特点。

· 实验程序 ·

1. 装上白色灯泡，接通电源并打开灯。

2. 将房间里其他的灯都关掉，尽量制造一个黑暗的环境。

3. 把三棱镜放在你的眼睛前面1厘米处，透过它观察白色灯泡发出的光。

4. 用彩色记号笔将你看到的彩色光谱画在白纸上面，并在相应的色带处写上颜色名称。

5. 打开房间里的其他灯，将实验用的灯关掉，拔掉电源，待白光灯泡冷却后取下。

6. 用其他的彩色灯泡重复步骤1—5。分别画出各种颜色的光形成的光谱图。

7. 整理好实验器材，将实验场所打扫干净。

· 实验数据 ·

将你画出的各种光谱粘贴在此处。

分析讨论

1. 各种色光形成的光谱有什么特点？它们之间有什么差别？

2. 白光形成的光谱有什么特点？像彩虹吗？

3. 为什么三棱镜能让白光形成"彩虹"光谱？

发散思考

如果不使用三棱镜，你能制造出彩虹光谱来吗？提示：太阳光穿过水珠时发生折射，产生了彩虹。

白色的太阳光

七色彩虹

折射：光从一种介质进入另一种介质时光路发生偏折的现象。

自制验电器

　　摩擦起电指的是本来不带电的物体在与其他物体进行摩擦之后，表现出带电特性的现象。比如，在干燥的天气里，如果用塑料梳子梳理干净的头发，就会出现头发飘起来粘住梳子的情况，有时还能听见"噼噼啪啪"的放电声。再比如，如果用丝绸摩擦一根玻璃棒，本不带电的玻璃棒就会带上电荷，从而能将碎小的纸屑吸附在它的表面上。物体所带的电荷有两种：正电荷和负电荷。它们具有与磁铁类似的性质：同性（电荷）相斥，异性（电荷）相吸。也就是说，两个都带正电或都带负电的物体会相互排斥，而一个带正电荷的物体和一个带负电的物体会相互吸引。检验物体是否带电，以及带何种电荷的仪器——验电器就是按照这个原理制成的。而利用一些生活中常见的材料，我们也可以自制简易验电器。

·探索主题·

验电器原理

搜集资料

查找相关资料，了解摩擦起电的基本知识。

提出假说

利用同种电荷相斥、异种电荷相吸的原理可以制作简易验电器。

实验材料

1. 相同的锡箔（糖纸）四张
2. 玻璃棒一根
3. 丝绸一小块，有条件的话再准备一小张动物毛皮
4. 塑料梳子一把
5. 空的胶卷盒两个
6. 黏土（可用橡皮泥代替）适量
7. 带有弯曲吸口的塑料吸管四根

安全提示

注意不要将玻璃棒弄碎，以免造成伤害。

·实验设计·

制作简易验电器，并看看各种材料在摩擦后带上哪种电荷。

· 实验程序 ·

1 将黏土（或橡皮泥）装在空的胶卷盒中，如图所示把四根塑料吸管插入，使四根吸管的高度保持一致。同时让插于同一个盒中的两根吸管的吸口朝向相反的方向，这便做成了两个简易验电器。

2 条件1：双手各捏住一张糖纸，置于光滑的桌面或其他光滑表面进行摩擦。摩擦时要有力量，但也要注意不可以将糖纸损坏。

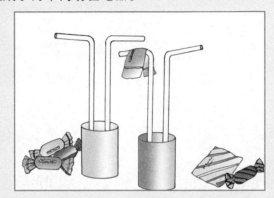

3 迅速地将两张糖纸揭起，分别吸附于两个验电器中的某一根吸管的吸口处。

4 接着移动两个胶卷盒，使两张糖纸能逐步靠近。观察当盒子越来越近时糖纸是否出现吸引或排斥的现象，并记录下来。

5 条件2：再取两张糖纸，将其中一张的粗糙面与另一张的光滑面相对，然后叠在一起摩擦片刻。迅速将两张糖纸分离，按步骤3分别使其吸附于两个验电器剩下的两个吸口上。

6 移动胶卷盒使两张糖纸接近，观察距离缩短的过程中糖纸是否出现吸引或排斥的现象，并记录下来。

7 将验电器和糖纸置于一边。拿起玻璃棒，用丝绸摩擦片刻。与此同时让另一人用毛皮摩擦塑料梳子。接着让玻璃棒与梳子靠近，观察是否有吸引或排斥的现象，记录下来。已知毛皮摩擦过的塑料梳子带负电，请思考丝绸摩擦过的玻璃棒带何种电荷。

8 用毛皮摩擦橡胶棒，并与毛皮摩擦过的塑料梳子接近，观察是否有吸引或排斥的现象，记录下来，并判断橡胶棒带何种电荷。

9 整理好实验器材，将实验场所打扫干净。

· **实验数据** ·

验电器上的糖纸在两种条件下的反应：（在相应方格内画"√"）

实验分组	排斥	吸引	无吸引、无排斥
条件1			
条件2			

不同材料物体的带电情况：（在相应括号内画"√"）

实验材料	毛皮摩擦过的塑料梳子	带何种电荷（梳子带负电）
丝绸摩擦过的玻璃棒	排斥（ ）	正电荷（ ）
	吸引（ ）	负电荷（ ）
	无反应（ ）	
毛皮摩擦过的橡胶棒	排斥（ ）	正电荷（ ）
	吸引（ ）	负电荷（ ）
	无反应（ ）	

分析讨论

❶ 你知道什么是摩擦起电吗？

❷ 丝绸摩擦过的玻璃棒带正电荷还是负电荷？为什么？

❸ 毛皮摩擦过的塑料梳子和橡胶棒带正电荷还是负电荷？为什么？

发散思考

❶ 在生活中还有哪些现象表明了摩擦起电的存在呢？

❷ 验电器的功能除了本实验中所提到的，还有哪些呢？

溶液的导电性

　　早在两千多年前，古希腊人就发现用毛皮摩擦过的琥珀能吸引一些像绒毛、麦秆这样轻小的东西，他们把这种现象称作"电"。到了近代，随着物理学的高速发展，人类逐渐认识了电的本质，并且发明了很多很多利用电来为人类服务的机器。人类历史也因此迎来了一场全新的技术革命——电力革命。如今，电已经作为一种主要的能量形式支配着社会经济生活的各个方面，很难想象我们的社会如果没有了电会变成什么样。

·探索主题·

液体的导电能力

提出假说

常见溶液的导电性各不相同。

搜集资料

查找相关资料，了解导电的原理和溶液为什么能够导电。

实验材料

1 六个广口玻璃瓶

2 蒸馏水

3 盐

4 白砂糖

5 淀粉

6 醋

7 柠檬汁

8 能贴在瓶子上的标签

9 万用表（绝大多数的五金店里有售）

10 量匙

11 搅拌棒

安全提示

在实验过程中，万用表本身就能产生我们所需要的电压，所以不需要再加任何电池。切忌在实验中使用家用电源或汽车用的电池等其他电源！

·实验设计·

通过测量溶液的电阻大小，了解不同溶液的导电能力。

· 实验程序 ·

1. 将半杯蒸馏水（0.1升）倒入一个玻璃瓶里。加一勺盐并且搅拌均匀。

2. 在玻璃瓶上贴上标签并标明这是什么溶液。

3. 将刚才用过的量匙和搅拌棒在蒸馏水中清洗干净后，在第二个玻璃瓶里用糖，第三个玻璃瓶中用淀粉重复步骤1和步骤2。

4. 将半杯柠檬汁（0.1升）倒入第四个玻璃瓶，半杯醋倒入第五个玻璃瓶，第六个玻璃瓶中只装入半杯蒸馏水。然后给每一个玻璃瓶都贴上相应的标签，标明瓶中的物质是什么。记得每次使用量匙和搅拌棒之前都要用蒸馏水认真清洗干净。

5. 将每个玻璃瓶排放好，让贴有标签的一面正对你，以便区分（如图1）。

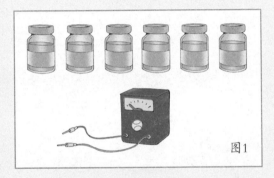

图1

6. 将万用表调至测量电阻状态。电阻是用来衡量一个电路对电流的阻碍作用的，如果直接将万用表的两根探针接触，万用表的读数为0，因为这个时候没有电阻存在，所有的电流都顺利通过。如果将探针分开，万用表的读数为"无限大"，因为这个时候没有任何电流通过。

7. 在测量各种溶液的导电性能（即电阻）之前，确保万用表的探针没有直接接触，同时也要确保每次测量时两根探针之间保持同样的距离。可以如图2所示将两根探针固定在一起，在两根探针的绝缘柄中间夹点小物体（比如

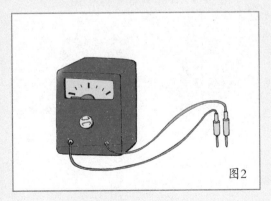

图2

⑧ 将探针放入第一个玻璃瓶的溶液中，从万用表的读数来观察其导电性（电阻）。将数据记录在表格中，用蒸馏水把探针清洗干净后，在每一个玻璃瓶中重复这一步。

⑨ 整理好实验器材，将实验场所打扫干净。

· 实验数据 ·

溶液名称	电阻大小	导电性

分析讨论

① 六个玻璃瓶中溶液的电阻分别是多大？

② 根据电阻大小可以得出六种溶液的导电性排序（由大到小），结果是怎样的？

发散思考

在不同的温度下，溶液的导电性是否发生变化？可以先自己做个分析和假设，然后做个小实验测量一下，看看自己的分析和假设是否正确。

用柠檬来做电池

数一数我们家里有多少种电器吧！电灯、电视、电冰箱、洗衣机、电脑……我们的生活已经离不开这些电器了，要使用电器首先得有电源。那什么是电源呢？打个比方，我们要洗手的话就得拧开水龙头，水就从水龙头里流了出来，那么水是从哪儿来的呢？肯定会有一个水源，这个水源可能是个水库，或者直接从湖里来。电也是一样的，要用电就得有电源，那么最简单的电源是什么呢？对了，就是电池，普通的电池通常都是圆柱体，也有高级一点的其他形状的电池，比如手机电池多半是长方体。那你见过用柠檬做的电池吗？今天我们就一起来做一个柠檬电池吧！

我就是最简单的电器。

那我就是最简单的电源了。

·探索主题·

电池

搜集资料

查找相关资料，了解电池的原理。

提出假说

根据电池的工作原理可以制作出柠檬电池。

实验材料

1 10 个柠檬

2 10 个铜钉（大多数五金店里都可以买到）

3 10 个小的锌或镀锌的钉子或螺丝钉（也可以在五金店里买到）

4 3 米长的带绝缘膜的铜线

5 一节新的 7 号电池

6 小电灯泡

7 带有弹簧夹探针的万用表

安全提示

在实验过程中切忌使用家用电源或车用电池等其他电源！

·实验设计·

亲自动手制作电池、连接电路，以了解电池的工作原理和电路的基本知识。

·实验程序·

① 剪一段15厘米长的铜线，并将两端的绝缘皮剥开，露出铜线来。

② 将铜线一端露出来的铜线部分小心地缠绕在铜钉上，然后将铜钉插进一个柠檬里。

③ 再剪一段15厘米长的铜线，也将两端的绝缘皮剥开，将一端的铜线缠在锌钉（螺丝钉）上。

④ 将锌钉（螺丝钉）插在柠檬上距铜钉2.5厘米处。要保证不管是在柠檬外面还是柠檬内部，锌钉和铜钉都不会接触，也尽量避免铜丝进到柠檬里面沾上柠檬汁（如图1）。

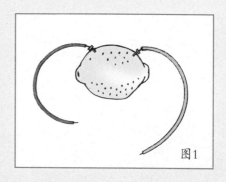

图1

⑤ 将万用表调至测量直流电流状态。用探针的弹簧夹分别夹住两根铜线的一端，读取并记录下万用表的读数。

⑥ 断开万用表与柠檬电池的连接，将探针连接7号电池的正负极，读取并记录下万用表的读数。

⑦ 计算一下最少需要多少个柠檬电池才能达到一节7号电池的电压。

⑧ 按照步骤1—4建造所需要的柠檬电池，并如图2所示，将这些柠檬电池串联在一起，构成电池组。每增加一个柠檬电池，用万用表测量其电压，并且试着将电路接上电灯泡（注意铜钉一端为正极，锌钉一端为负极），看看电池是否能让电灯泡发光。用表格记录下所观察到的现象。

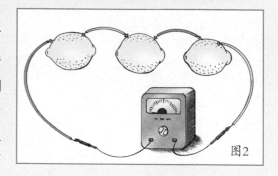

图2

⑨ 整理好实验器材，将实验场所打扫干净。

·实验数据·

柠檬数量	总电压	能否让灯泡亮起来？
1		
2		
3		
4		
5		
6		
7		
8		
9		
10		

分析讨论

❶ 为什么可以利用柠檬来做电池？

❷ 柠檬电池组最后能让电灯泡发光吗？

❸ 柠檬电池的工作原理与普通电池相同吗？

发散思考

❶ 如果把柠檬汁倒入玻璃杯里，而不是在柠檬里，还能产生电流吗？为什么？

❷ 还可以用哪些水果来制作电池？

作用与过程

探测磁场的存在

　　磁铁在我们的生活中早已被广泛使用，我国古代就有利用磁石吸住穿铁盔甲的士兵的故事。玩过磁铁的人都知道，磁铁有同性相斥、异性相吸的特点，当你将两块磁铁的相同磁极靠近的时候就能感觉到强大的排斥力，让你很难将两个相同磁极接触在一起。那么这股看不见的力量到底是什么呢？没错，就是磁场，今天我们就来利用磁针探测一下磁场的存在。

是谁抓住了我？为什么我动不了了？

· 探索主题 ·

磁 场

搜集资料

查找相关资料，了解有关磁场的知识。

提出假说

可利用小磁针探测磁场的存在。

实验材料

❶ 2.5米长的绝缘电线
❷ 两根金属缝衣针
❸ 线
❹ 永久磁铁
❺ 电压为6伏的电池（通常信号灯里使用的那种）
❻ 一卷胶带
❼ 纸
❽ 剪刀

安全提示

虽然本实验使用的电流很小，不足以对人体造成伤害，但还是可能对人体产生电击。因此任何时候都不要直接去碰没有绝缘皮的电线。注意实验过程中要远离水，让手始终保持干燥。

· 实验设计 ·

通过小磁针的方向变化，来确定磁场的存在。

实验程序

1. 将针磁化；用针沿着同一个方向去摩擦永久磁铁的一面至少30次。

2. 如图1所示，将纸剪成箭头形状，然后将磁针沿着箭头的纵向粘在上面。

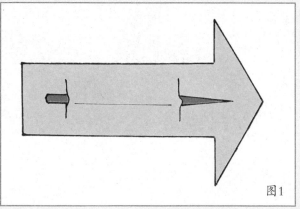

图1

3. 用胶带将一根线的一端固定在箭头状纸带的边缘，另一端将用来悬挂箭头。

4. 将电线做成直径约为7.5厘米的圆形，然后将其余部分继续缠绕成5个大小相同的圆，从而组成一个线圈。线圈的两端都要留出足够的长度，以便后面的操作。

5. 用线将线圈紧紧地捆在一起。

6. 将箭头状纸带系在线圈的顶端（如图2所示），使纸带悬挂在线圈的中心处。

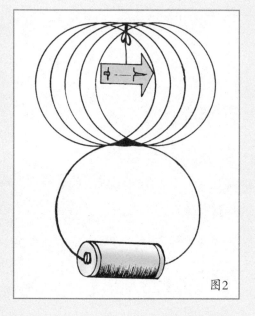

图2

7. 将线圈两端的电线接到电池上，一端接正极，另一端接负极。

8. 仔细观察箭头发生了什么现象。将线圈转到不同的方向，观察并记录箭头的变化。

9. 用另一根针重复这一过程，不同的是这根针不要磁化。

10. 整理好实验器材，将实验场所打扫干净。

·实验数据·

磁化后的针的表现：

未磁化的针的表现：

分析讨论

1. 两根针的表现有何不同？

2. 针的表现是否能说明通电线圈周围存在磁场？

3. 通过针的转向是否能确定磁场的南北极？

发散思考

1. 除了用磁针，还有别的方法可以确定磁场的存在吗？

2. 仔细研究一下磁场方向与线圈中的电流方向的关系，想想为什么？

磁 化

　　磁石，俗称吸铁石，是一种能够吸引铁或钢等金属的磁铁矿石；天然磁铁就是由磁铁矿石加工而成的。不过，矿物的产量毕竟有限，而磁铁在人类的生活中应用又很广，所以当人们发现了磁化现象之后，大量人工磁铁就问世了。何为磁化呢？简单地讲，就是使一个物体暂时或永久拥有磁性的过程。普通的铁条或钢条在经过磁化后，都可以变成磁铁。这是因为这些金属的内部本身就存在成千上万个自发磁化的区域——磁畴，每个都有各自的南北极，相当于无数个微型磁针。在通常情况下，这些微型磁针的南北极指向不同的方向，它们所产生的磁场相互抵消，使整块金属不显磁性。而在一定条件下，所有微型磁针的磁极指向变得一致，整块金属就拥有了一个单一的、强大的磁场，也就显示出磁性来了。相反的，当已磁化金属内部一致的磁极指向遭到破坏，它的磁性就会随之减弱甚至消失。

经过磁化的钢条真厉害，居然可以吸住钉子，这太神奇了。

那可是"克隆"了我的磁性啊！嘿嘿……

在本实验中，你需要完成的任务有：磁化铁钉；考察四种条件下（加热、冷却、捶打、与磁铁反向摩擦）铁钉磁性的变化。

·探索主题·
磁 化

搜集资料

查找相关资料，了解磁化的基本过程。

提出假说

温度变化、摩擦等都会影响磁化效果。

实验材料

1 条形磁铁

2 四根 7 厘米长的铁钉

3 一把锤子

4 一杯热水、一杯加有冰块的冷水

5 十个未用过的大头针、十个金属曲别针、十个塑料曲别针

6 一块小木板

7 护目镜

安全提示

取用铁钉时注意不要划伤手，在用锤子敲打铁钉时一定要戴上护目镜，力量不要太大。最好在家长的陪同下操作。

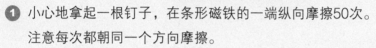
· 实验设计 ·

　　创造条件使物体磁化，并比较不同条件下磁化物磁性的变化。

· 实验程序 ·

①　小心地拿起一根钉子，在条形磁铁的一端纵向摩擦50次。注意每次都朝同一个方向摩擦。

②　检验钉子被磁化的程度：把摩擦后的钉子移向大头针、金属曲别针和塑料曲别针，观察并记录它所吸起的物件数量。然后小心地将它放在一边，注意要与其他钉子保持一定距离。

③　对剩下的钉子重复步骤1—2。注意摩擦方向始终要保持一致。摩擦后每根钉子的磁性大小要相近（通过它们所吸起的物体数量来衡量），如果某根钉子的磁性较弱，则继续放在条形磁铁上摩擦，直到其磁性接近其他钉子。

④　分别对四根钉子进行如下操作：

将1号钉子放入热水中10分钟。

将2号钉子放入冰水中10分钟。

在先前用到的条形磁铁的同一端摩擦3号钉子25次，但摩擦方向与之前相反。

⑤　戴上护目镜，将4号钉子放置于小木板上，用锤子大力地捶打3~4次。

⑥　再按照步骤2的方法检验钉子的磁性，将你的检验结果记录下来。

⑦　整理好实验器材，将实验场所打扫干净。

实验数据·

钉子	操作	吸起物体的数量		
		大头针	金属曲别针	塑料曲别针
1号	加热			
2号	冷却			
3号	反向摩擦			
4号	捶打			

分析讨论

① 吸起物体的数量说明了什么？

② 加热会加强还是减弱被磁化物体的磁性？冷却呢？

③ 反向摩擦对被磁化物体的磁性有何影响？

④ 捶打是否能影响被磁化物体的磁性？怎样影响？

发散思考

① 被磁化物体的磁性能保持多长时间呢？

② 怎样才能让铁钉变成永久磁铁呢？

制造磁场

我们已经知道，磁场虽然看不见，但的确是客观存在的。那么磁场是怎么产生的呢？它的大小又是由什么决定呢？我们一起来做一个实验，制造出大小可以控制的磁场。

你不是磁铁，为什么也能吸住铁？

·探索主题·

磁 场

搜集资料

查找相关资料，了解电磁场的基本知识。

提出假说

可以制造强度大小可变化的磁场。

实验材料

1 1米长的绝缘电线

2 电压为6伏的电池（通常在信号灯里使用的那种）

3 大的钉子或螺钉

4 永久磁铁

5 金属回形针

安全提示

注意在实验过程中任何物品和手都不要沾水，不要使用家用电源或车用电池，因为它们的电压太大，可能会电击伤人甚至引发爆炸！

·实验设计·

通过改变通电线圈的数量来改变磁场强度。

实验程序

1 将电线宽松地绕在钉子上，只绕一圈即可。

2 将电线两端的绝缘皮剥开，一端接到电池的正极，另一端接到电池的负极。

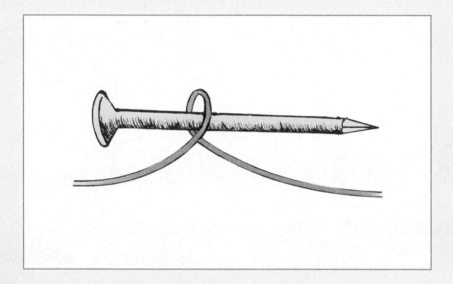

3 将一堆金属回形针放到桌子上。

4 让钉子与回形针接触，记录下它能吸住多少枚回形针。

5 将线圈与电池断开，在钉子上沿着之前的方向多绕一圈。然后再接上电池，记录它能吸住多少枚回形针。

6 每次逐渐增多缠在钉子上的线圈数，重复步骤3—4，并记录下每次能吸住回形针的数量。

7 整理好实验器材，将实验场所打扫干净。

·实验数据·

线圈数	能吸住的回形针数
1	
2	
3	
4	
5	
6	
7	

分析讨论

1. 吸住回形针数量的多少跟磁场强度的大小有什么关系？

2. 线圈数量与磁场强度是什么关系？为什么？

3. 通过改变线圈数量来改变磁场强度的实质是什么？

发散思考

1. 实验过程中如果用木头或塑料来代替铁钉，会是什么结果，为什么？

2. 不增加线圈数量可以改变磁场强度吗？应该怎么做？

电磁场与电流的关系

我们已经知道通电线圈可以产生电磁场。通过上一个实验（制造电磁场），我们也知道了电磁场的强弱跟线圈的数量有直接的关系。那么我们现在再来研究一下电磁场的大小跟电流大小之间的关系。

探索主题

电磁场

搜集资料

查找相关资料，了解磁场与电流之间的关系。

提出假说

线圈内的电流越强，产生的磁场强度越大。

实验材料

① 6米长的绝缘电线（最好是铜线）

② 3节新电池（1.5伏的5号电池即可）

③ 铁钉或钢钉（最好是铁钉）

④ 绝缘胶带

⑤ 10个订书钉

⑥ 10个铁制回形针

⑦ 10个塑料回形针

⑧ 磁罗盘

⑨ 剥电线绝缘皮的工具

安全提示

注意，在实验过程中任何物品和你的所有皮肤都不要沾水，不要使用家用电源或车用电池，因为它们的电压太大，可能会电击伤人甚至引发爆炸！

·实验设计·

通过改变电流大小来改变电磁场强度的大小。

·实验程序·

1. 用绝缘胶带将电池固定在桌面上。

2. 将铜线绕在铁钉（或钢钉）上，缠上十几圈甚至更多，从钉子的顶端开始，一直缠向另一端。每一端留出约5厘米长的铜线即可。

3. 将铜线两端的绝缘皮剥开，一端接在电池的正极，另一端接在电池的负极上。

4. 用磁罗盘来检查钉子是否有磁场。当钉子靠近磁罗盘时，磁罗盘指针是否指向铁钉的方向？注意区分哪一端是北极，哪一端是南极。

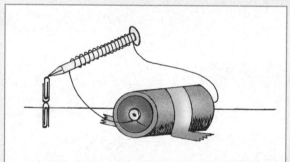

5. 用具有磁性的钉子来吸住尽可能多的订书钉。重复这一过程，看看能吸住多少铁制回形针和塑料回形针。

6. 将每次能吸住的订书钉和回形针的数量记录在表格中。

7. 再串联一节电池，使得总电压增加，重复以上步骤并且记录能吸住的订书钉和回形针的数量。

8. 最后将第三节电池也串联上去，重复以上步骤并且记录结果。

9. 整理好实验器材，将实验场所打扫干净。

·实验数据·

电压（电池数）	电磁场强度（吸住物体的数量）		
	订书钉	铁制回形针	塑料回形针
1.5伏（1节电池）			
3.0伏（2节电池）			
4.5伏（3节电池）			

分析讨论

1. 塑料回形针能被吸住吗？为什么？

2. 吸住订书钉和回形针数量的多少跟磁场强度有什么关系？

3. 电流大小与磁场强度是什么关系？

发散思考

实验过程中如果铜线的直径大一点或者小一点，电磁场会变强还是变弱？根据你学到的知识做出合理假设，有条件的话做实验来验证一下你的假设。

测试相对密度

阿基米德曾经通过测量王冠在水中排开水的体积，来检查它是否完全用纯金制成。这个故事家喻户晓，其中充满了物理学的智慧，流传千古。而在物理学中，阿基米德定理讲的正是物体所受浮力和其密度之间的关系。那么，今天我们也做个简单的实验，研究一下这两者之间到底有什么样的联系。

这……

阿基米德爷爷，这王冠总也沉不下去，您说它含有多少黄金？是用木头做的吧？

探索主题

相对密度

搜集资料

查找相关资料，了解阿基米德提出的浮力定理和相关的有趣故事。

提出假说

物质的相对密度决定了其沉浮状态。

实验材料

1. 三个透明广口玻璃瓶，瓶口一定要很大，比如烧杯
2. 一根探针（缝衣服的长针或者喝水时用的搅拌棒均可）
3. 九把一次性的塑料刀具
4. 植物油
5. 机油（汽车发动机使用的那种即可）
6. 蜂蜜
7. 水，用食用色素染成蓝色
8. 柠檬汁
9. 一颗直径为 1.2 厘米左右的泥球
10. 一颗直径为 1.2 厘米左右的蜡球
11. 一个小的软木塞

· 实验设计 ·

观察各种物质的沉浮情况，以此测量相对密度。

· 实验程序 ·

① 把你的材料分成液体和固体两类。

② 先测量液体，估计一下哪种液体密度最大。

③ 将五种液体倒进同一个容器里，先从密度最大的开始。倒每一种液体时都要尽量缓慢，用塑料刀来引导（如图1所示）。液体本身不会混合，但如果遇到晃动或搅拌有可能会导致它们混合。每次倒不同的液体要用新的塑料刀来引导。

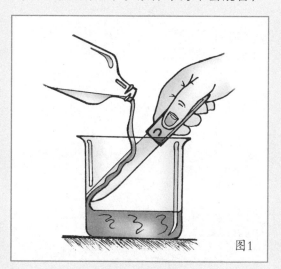

图1

④ 所有的液体都加到容器里后，放置几分钟等它们都静止下来。记录下来这些液体沉淀后的顺序。

⑤ 把三种固体一个接一个地放到容器里，等待它们静止下来。一种固体沾上液体后，其沉浮状态可能会临时改变。比如，一个固体的外表如果沾上一层植物油，可能会比正常情况下浮得更高。所以如果你发现某个固体的状态不太正常，可以用探针去戳一下。

⑥ 当你确认所有的材料都处于正常状态后，就可以开始确定每种材料的相对密度了。先确定蓝色水那一层的密度为"1.0"，然后再确定每一种在水之上和水之下的材料的相对密度等级。这个相对的密度等级不必精确，只要能够显示出哪一种物质的密度更大。比如，将刚好在水之上那一层的相对密度定为0.9，而将水下第一层的相对密度定为1.1，依此类推。

⑦ 选择两种不同的物质（不要同时选两种固体，可选一种液体和一种固体，或是两种液体）将它们倒/放在第二个广

口玻璃瓶内，注意倒液体时换一把新的塑料刀来引导。记录下倒/放这两种物质的顺序；观察并记录它们在广口瓶内的现象。

⑧ 选取另外两种物质重复步骤4。

⑨ 整理好实验器材，将实验场所打扫干净。

· 实验数据 ·

物体名称	倒/放顺序	漂浮情况	相对密度

分析讨论

❶ 当你先倒入密度大的物质，再倒入密度小的物质，会发生什么现象？如果改变倒入顺序，又会发生什么现象？

❷ 如果两种物质的密度差不多大，广口瓶内会是什么现象？倒入顺序会产生影响吗？

❸ 你所使用的材料按密度大小怎样排序？

发散思考

❶ 密度大的物质一定会处于密度小的物质下方吗？为什么？

❷ 如果一种材料的密度比水大，那么有什么办法可以让它浮在水面上（提示：想想用钢铁造的轮船）？

水压和浮力的关系

我们通过前一个实验已经了解了密度对于浮力的影响，那么我们来看看还有什么因素会影响物体所受到的浮力呢？

·探索主题·
浮 力

搜集资料

通过对水施加压力来改变水压，从而改变水中物体的浮力。

提出假说

水压会影响物体受到的浮力。

实验材料

① 一个 1 升大小的装满了水的透明塑料瓶（这个塑料瓶的形状必须可以改变，并且带有能密封的盖子）

② 两根透明的吸管

③ 雕塑黏土

④ 一个高 20 厘米以上的玻璃杯

⑤ 水

安全提示

在挤压瓶子前要先仔细检查瓶盖是否能严密地封好。

·实验设计·

通过对水施加压力来改变水压，从而改变水对水中物体的浮力。

·实验程序·

1 将一根吸管切成10厘米长，并且用一块雕塑黏土将其一端密封住。密封的一端作为顶端，然后在靠近开放的底端附近粘一块雕塑黏土（如图中a所示），以维持吸管的平衡，免得顶端过重而翻过来。往玻璃杯里倒满水，看看这根吸管能否浮起来。增加或减少用于维持平衡的黏土，直到吸管能稳定地处于垂直状态。

2 对第二根吸管重复第一步的过程，不过这根吸管要把两端都密封起来（如图中b所示）。将吸管浸入水中以检

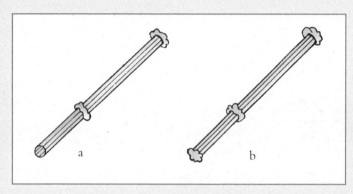

查是否已密封好。如果水里有气泡产生则说明没有密封好。

3 往塑料瓶里倒满水，直至水面离瓶口5厘米。小心地将两根吸管放入瓶中，注意让第一根吸管没有密封的一端在下面。盖好瓶盖，保证瓶子密封。

4 将瓶子放到桌子或实验台上，测量并记录瓶子的大致直径，一个人用手去挤瓶子，另一个人用尺子去测量瓶子被挤后直径的改变量，这将作为衡量加到水和瓶子的物体上的压力的一个粗略标准。慢慢地挤压瓶子，每次让其直径减小1厘米。参照下页表1，记录吸管是否发生变化（下沉、浸水或变形等）。

5 继续挤压瓶子，直到瓶子挤压到了极限，无法再变形为止。

6 松开瓶子，减小挤压的外力，观察并记录吸管的变化。

7 整理好实验器材，将实验场所打扫干净。

·实验数据·

表1：实验现象记录示例（请参照示例记录你看到的实验现象）

瓶子直径 （直径越小表明压力越大）	第一根吸管 （底端未密封）	第二根吸管 （底端密封）
11厘米	浮在水面	浮在水面
10厘米	仍然浮在水面上，但吸管中的水升高了2厘米	仍然浮在水面上，但有一些轻微的变形
9厘米	沉到瓶底	仍然浮在水面上，但直径只有大约原先的一半了

分析讨论

1 当用力挤压瓶子时，两根吸管是否会下沉？

2 哪根吸管更早下沉，底端密封的还是没密封的？为什么会出现这种情况？

3 松开瓶子后，两根吸管有何变化？

4 浮力与水压有什么样的关系？

发散思考

根据底端未密封吸管的表现，想想潜水艇在水中下沉和上升的原理。

标准密度球

　　标准有时是指一件有固定值的物体或仪器。在本节实验中，我们就要来制造一个测量液体密度的标准密度球。密度球具有与纯水密度相同的固定值——1.0克/毫升。制成密度球后，我们还可以检验它是否能准确地测量出其他液体样本的密度是大于还是等于纯水的密度。

探索主题

密度球

搜集资料

查找相关资料，了解浮力相关概念和阿基米德原理。

提出假说

盐水的密度比水大，酒精的密度比水小。

实验材料

① 一个 1 升的量筒，在室温下装满 1 升的蒸馏水

② 1 升酒精

③ 一支高约 13 厘米的试管

④ 一个与试管配套的橡皮塞，其上有一孔，正好插入玻璃棒

⑤ 30 毫升沙子

⑥ 250~500 毫升食用盐

⑦ 搅拌棒

⑧ 小勺

安全提示

实验中要拿好各种玻璃制品，避免损坏造成划伤等。

实验设计

利用阿基米德浮力原理和力的平衡原理制作密度球，并用它估测盐水和酒精的密度。

·实验程序·

1. 往试管中加入一撮沙子，塞上橡皮塞。这样就制成了密度球的雏形。
2. 将试管放入装有蒸馏水的量筒中，待它静止后观察它的状态；如果试管全部浸入水中，既不漂出水面也不沉到筒底，自由地悬浮在水中，说明此时它已经成为密度与纯水相同的密度球。其密度为1.0克/毫升。如果试管漂浮到了水面上，请从水中取出，并取下塞子加适量沙子后再试；如果试管沉到了筒底，请从水中取出，并取下塞子倒出适量沙子后再试；直到制成悬浮在水中的密度球。

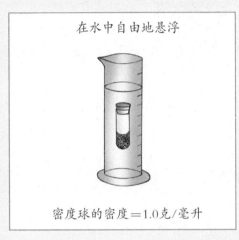

在水中自由地悬浮

密度球的密度＝1.0克/毫升

3. 取出密度球，在量筒中放入100克盐，搅拌使其溶解。
4. 在盐水中放入密度球，观察并记录它静止后在液体中的状态。
5. 从盐水中取出密度球，洗净表面。同时将量筒内的盐水倒掉，清洗后倒入酒精。
6. 在酒精中放入密度球，观察并记录它静止后的状态。
7. 整理好实验器材，将实验场所打扫干净。

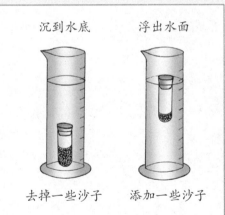

沉到水底　　浮出水面

去掉一些沙子　　添加一些沙子

·实验数据·

实验分组	蒸馏水	盐水	酒精
密度球静止后的状态	悬浮		
液体密度与密度球密度的关系	相等		

分析讨论

1 密度球会全部没入盐水中吗？还是会有一部分露出水面？这说明盐水的密度是大于1.0克/毫升还是小于1.0克/毫升？

2 密度球在酒精中处于什么样的状态？是漂浮、悬浮还是下沉？这说明酒精的密度是大于1.0克/毫升还是小于1.0克/毫升？

3 密度球的工作原理是什么？

发散思考

密度球能够测出某种液体与纯水密度的相对大小，但却不能测出这种液体的密度到底是多少，那是不是说明密度球在生活中并没有什么实用价值？如果你认为不是，请说明它可以应用在哪些方面。

盐度测量工具——液体比重计

　　海水为什么是咸的？相信大多数人都知道答案：因为海水中含有较多的盐。科学家收集了地球上不同海域的海水，测量出海水的平均盐度（即含盐量）大约为3.5%，即每1000千克的海水中就含有35千克的盐。这个数据是目前引用最广泛的数据，但实际上，有着不同气候条件的海区的盐度之间存在非常大的差距。比如，靠近瑞典的波罗的海的盐度为1%，而埃及附近的红海因气候炎热，水分蒸发快而有着高达27%的盐度。

　　科学家用于研究海水的常用仪器有两种：一种是测量海水盐度的液体比重计；另一种是可以在预定深度采集水样的南森瓶。在本节实验中，我们将尝试制作液体比重计，这种仪器的工作原理是阿基米德的浮力原理，它在不同盐度的液体中浸入的体积是不同的。

科学家正在用南森瓶
取海水水样。

探索主题

液体比重计

搜集资料

查找相关资料，了解浮力相关概念和阿基米德原理。

提出假说

可根据阿基米德浮力原理制作液体比重计。

实验材料

1 一个 1 升大小的量筒，在室温下装满 1 升的蒸馏水

2 一支高约 13 厘米的试管

3 一根 15 厘米长的玻璃棒

4 一个橡皮试管塞，其上有一孔，正好插入玻璃棒

5 30 毫升沙子

6 250 ～ 750 毫升的食用盐

7 少量的凡士林

8 防水的细记号笔

9 搅拌棒

10 小勺

安全提示

实验中要拿好各种玻璃制品，以防打碎而造成伤害。

·实验设计·

将玻璃棒放入不同盐度的液体中，制作液体比重计。

·实验程序·

❶ 在玻璃棒的一端抹上少量凡士林，再将其插入橡皮塞中，直到它穿过塞子，在另一头露出棒头来。往试管中加入一撮沙子，塞上有玻璃棒的塞子。这样就制成了液体比重计的雏形。

❷ 将这样的试管比重计放在装满蒸馏水的量筒中。观察它在水中的状态。

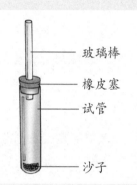

玻璃棒
橡皮塞
试管
沙子

❸ 通过减少或增加试管中的沙子，让试管在量筒中的状态成为：垂直漂浮在水中，且玻璃棒的上端距离水面2.5厘米左右。达到这样的标准后，用防水的记号笔在玻璃棒与水面相接处写上"1.000"字样。

❹ 取出比重计，在量筒的水中加入3勺共100克食用盐，搅拌至盐溶解。

❺ 再次将比重计放入盐水中，待其平稳地漂浮在液体中后，用记号笔在玻璃棒与液面相接处标上第二个记号（注意，并不是精确的2.000）。

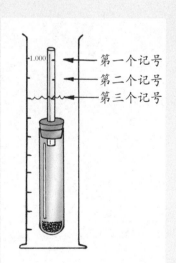

第一个记号
第二个记号
第三个记号

❻ 按照上面的步骤在盐水中再加入3勺共100克食用盐，然后在玻璃棒上标第三个记号。注意观察水中的含盐量增加时，比重计浸入液体中的体积有何变化。

❼ 整理好实验器材，将实验场所打扫干净。

课本里学不到的疯狂科学实验

·实验数据·

盐度	比重计的玻璃棒露出水面的长度（估计值）	液体比重（密度）变化
0	2.5厘米	小
10%左右		
20%左右		

分析讨论

1 比重计上3个记号的相对位置是如何确定的？

2 盐度的变化与比重计浸入液体中的体积变化有何关系？

3 液体比重计的工作原理是怎样的？

发散思考

　　液体比重计适用于测量任何液体的比重（密度）吗？如果不是，请举出例子，并说明理由。

模拟地震

　　地震是地球内部缓慢积累的能量突然释放引起的地球表层的震动。当地球内部在运动中积累的能量对地壳产生的巨大压力超过岩层所能承受的限度时，岩层便会突然发生断裂或错位，使积累的能量急剧地释放出来，并以地震波的形式向四面八方传播，这就形成了地震。地震对人类的安全造成了巨大的威胁，现在我们就来模拟一下地震，看看地震的威力。

·探索主题·

地 震

提出假说

地震危害程度与距离震中远近、楼房高低等因素有关。

搜集资料

查找相关资料，了解一些历史上大地震的资料。

实验材料

1. 厚纸板，大小为 60 厘米 ×60 厘米
2. 八张纸，大小为 22 厘米 ×28 厘米
3. 30 块方糖
4. 直尺
5. 十个圆形气球
6. 一卷胶带
7. 四个相同的易拉罐
8. 圆规
9. 黑色记号笔
10. 安全别针

安全提示

吹气球和扎气球时要注意安全。

·实验设计·

通过模拟地震实验，研究地震危害程度与离地震中心距离的远近、楼层的高低等因素有什么关系。

实验程序

1 将四张纸两两一行平铺，用胶带将相邻的四个边缘相互粘住，构成一个大长方形，代表一个将发生地震的城市。

2 在大长方形的中心（即四个直角边粘接的顶点处）用圆规画一个小圆。然后调整圆规的半径，每次增大2厘米，画几个同心圆。在圆心处画一个十字作为地震中心。

3 将十块方糖随机放在纸上，代表城市里的三层高的居民楼。用记号笔在纸上标出方糖的轮廓，并在轮廓中央写上"3"，表明代表三层的楼房。

4 用剩下的四张纸重复第一步和第二步，用来模拟城市郊区。同样随机放上十块方糖，也用记号笔画出其轮廓，并标上"1"，代表在郊区（农村）的一层高的平房。

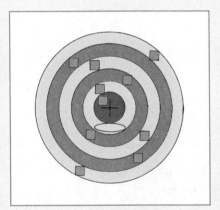

5 将厚纸板放在易拉罐上面，易拉罐分布在厚纸板的四个角处。

6 将两个气球吹大，但不要太大，保证能放到厚纸板下面。将其中一个粘到厚纸板中心处下面。

7 将模拟城市那张纸放到厚纸板上，将地震中心和气球的中心对齐。在每一处标记了三层楼房的地方堆上三块方糖。

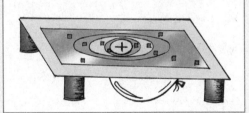

8 用安全别针小心地扎破地震中心下面的气球。

9 用记号笔勾画出方糖新的位置（用虚线画，跟之前的标记区分开）。

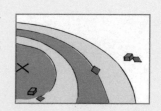

⑩ 将破气球拿走，在厚纸板中心处下面粘上第二个气球。然后换上另一张模拟郊区的纸，重复步骤8—9。这次在标记轮廓处只放上一块方糖。

⑪ 整理好实验器材，将实验场所打扫干净。

·实验数据·

请将你的记录图贴在此处：

分析讨论

❶ 震动强弱与距震中距离有什么样的关系？

❷ 地震对城市和农村哪个威胁更大，为什么？

❸ 你的实验结果是否能验证你所提出的假设？

发散思考

❶ 相比之下，距离震中较近和房屋较高哪个更危险？重新设计一个实验来找到答案。

❷ 要减少地震受灾程度，应该从哪几方面入手？

滑翔机飞行实验

飞行一直是人类的梦想，自古人们就尝试用各种方法飞上蓝天，比如我国古代就有人利用风筝、火箭等来帮助飞行。但直到20世纪美国的莱特兄弟发明了飞机，人类才真正实现了高空长距离飞行。不过，最早将人类送上天的重于空气的航空器却不是飞机，而是无须动力装置的滑翔机。在本节中，我们就来做一个滑翔机的飞行实验。

咦，怎么翅膀不动也能飞？

探索主题

滑翔机

搜集资料

查找相关资料，了解滑翔机的发展史。

提出假说

机翼形状对滑翔机飞行情况有重要影响。

实验材料

1. 两个木制玩具滑翔机（一定要比较轻的木材，也可以用泡沫制的滑翔机替代），要求不能有螺旋桨和起落装置

2. 一个能量比较大的鼓风机（可以用大一些的风扇代替），直径在 40~60 厘米之间

3. 两段绳子，约 50 厘米长

4. 两张厚卡纸，大小约 10 厘米 × 15 厘米

5. 一卷胶带

安全提示

使用鼓风机或风扇的时候一定要小心，不用的时候一定要把电源插头拔下来，使用过程中千万不要碰到扇叶。

实验设计

改变滑翔机机翼的形状，观察这对滑翔机的飞行是否造成影响。

实验程序

1 将两个滑翔机组装起来（如果买来的滑翔机只是零部件，按照图纸的要求组装即可）。

2 将绳子系到滑翔机的前端。

3 如图1所示，将其中一个滑翔机的机翼粘上卡片，使其包住机翼的顶端。

4 调整卡片的形状，如图2所示，要使得机翼后方的卡片形成一个斜坡，而前端则形成一个圆顶。

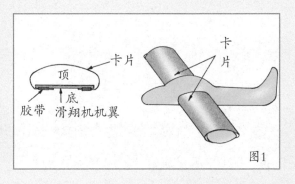

图1

5 将两个滑翔机的绳子固定在鼓风机（风扇）底部（这一步一定要小心，确保鼓风机没有插电源）。打开并轻微地调节一下，让鼓风机（风扇）的风能够吹到滑翔机。

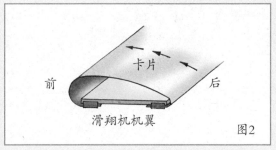

图2

6 先将鼓风机（风扇）开到低挡，然后再开到中挡，记录你所观察到的现象。

7 整理好实验器材，将实验场所打扫干净。

· 实验数据 ·

实验分组	实验现象（飞行高度等）
机翼包着卡片	
机翼没包卡片	

分析讨论

❶ 机翼上有没有包卡片对滑翔机的飞行高度有没有影响？哪个滑翔机飞得更高？

❷ 什么样的机翼形状更有利于滑翔机的飞行？为什么？

❸ 滑翔机的飞行原理是什么？

发散思考

❶ 气流的方向对滑翔机的飞行有什么样的影响？

❷ 除了机翼，还有哪个部分会对滑翔机的飞行产生比较重要的影响？

螺旋桨飞行研究

　　跟我们常见的飞机不同，直升机并没有机翼，而是靠着螺旋桨旋转来获得升空的动力。你是不是想到了机器猫的"竹蜻蜓"？那就像是一种好玩的小螺旋桨，戴在头上就可以飞起来了。现在我们一起来研究一下螺旋桨飞行受哪些因素的影响。

·探索主题·

螺旋桨飞行原理

提出假说

螺旋桨的结构会影响飞行器的飞行情况。

搜集资料

查找相关资料，了解直升机的发展史。

实验材料

1 旋转玩具（一根小棍上有一个螺旋桨）
2 四枚硬币（一角钱的即可）
3 一卷胶带
4 米尺

安全提示

小心不要让旋转的螺旋桨碰到眼睛。

·实验设计·

利用硬币来改变螺旋桨的结构，看它是否会影响飞行器飞行。

·实验程序·

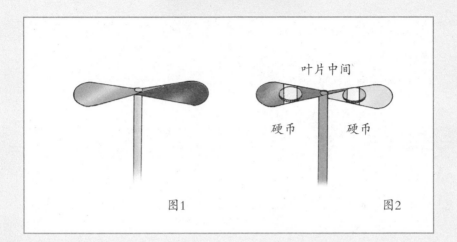

叶片中间

硬币   硬币

图1   图2

① 用手掌将螺旋桨（如图1所示）转起来，然后放手。

② 用米尺测量并记录螺旋桨能飞多高。

③ 用胶带将两枚硬币粘在螺旋桨叶片的不同部位上：叶片中间（如图2所示）和叶片末端（如图3所示）。然后再重复步骤1和步骤2，记录下其飞行的高度。

④ 整理好实验器材，将实验场所打扫干净。

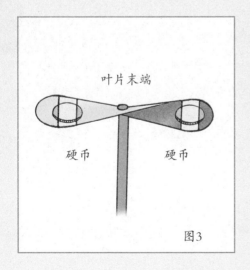

叶片末端

硬币   硬币

图3

·实验数据·

实验分组	飞行高度
螺旋桨叶片上没有硬币	
螺旋桨叶片中间粘着硬币	
螺旋桨叶片末端粘着硬币	

分析讨论

❶ 叶片上有没有硬币会造成飞行器飞行高度的不同吗？

❷ 叶片中间粘硬币和末端粘硬币对飞行器的影响相同吗？哪种条件下飞行器飞得更高？

❸ 什么样的螺旋桨结构有利于飞行器的飞行？

发散思考

❶ 你知道为什么要有直升机吗？对比普通飞机，用螺旋桨飞行的直升机有什么好处吗？

❷ 气流对螺旋桨飞行器有何影响？